小实验串起科学史（全20册）

从可口可乐到化学制药

路虹剑 / 编著

化学工业出版社

·北京·

图书在版编目（CIP）数据

小实验串起科学史．从可口可乐到化学制药／路虹剑编著．—北京：化学工业出版社，2023.10
ISBN 978-7-122-43908-6

Ⅰ．①小…　Ⅱ．①路…　Ⅲ．①科学实验－青少年读物
Ⅳ．①N33-49

中国国家版本馆 CIP 数据核字（2023）第 137355 号

责任编辑：龚　娟　肖　冉　　装帧设计：王　婧
责任校对：宋　夏　　插　　画：关　健

出版发行：化学工业出版社（北京市东城区青年湖南街 13 号 邮政编码 100011）
印　　装：盛大（天津）印刷有限公司
710mm×1000mm　1/16　印张 40　字数 400 千字
2024 年 4 月北京第 1 版第 1 次印刷

购书咨询：010-64518888
售后服务：010-64518899
网　　址：http://www.cip.com.cn
凡购买本书，如有缺损质量问题，本社销售中心负责调换。

定价：360.00 元（全 20 册）

作者序

在小小的实验里挖呀挖呀挖，挖出了一部科学史！

一个个小小的科学实验，好比一颗颗科学的火种，实验里奇妙、有趣的科学现象，能在瞬间激起孩子的好奇心和探索欲。但这些小实验并不是这套书的目的和重点，它们只是书中一连串探索的开始。

先动手做一个在家里就能完成的科学实验，激发孩子的好奇，自然而然地，孩子会问“为什么”，这时候告诉他这个实验的科学原理，是不是比直接灌输科学知识更能让孩子接受呢?

科学原理揭秘了，孩子的思绪就打开了，会继续追问：这是哪位聪明的科学家发现的？他是怎么发现的呢？利用这个科学发现，又有哪些科学发明呢？这些科学发明又有哪些应用呢？这一连串顺

理成章、自然而然的追问，是不是追问出一部小小的科学史？

你看《从惯性原理到人造卫星》这一册，先从一个有趣的硬币实验（实验还配有视频）开始，通过实验，能对经典物理学中的惯性有个直观的了解；紧接着通过生活中的一些常见现象来加深对惯性的理解，在大脑中建立起看得见摸得着的物理学概念。

接下来，更进一步，会走进科学历史的长河，看看是哪位伟大的科学家首先发现了惯性原理；惯性原理又是如何体现在宇宙中星体的运动里的；是谁第一个设计出来人造卫星，这和惯性有着怎样的关系；我国的第一颗人造卫星是什么时候发射升空的……

这套书共有 20 个分册，每一个分册都有一个核心主题，从古代人类文明，到今天的现代科技，内容跨越了几千年的历史，能读到伽利略、牛顿、法拉第、达尔文等超过 50 位伟大科学家的传奇经历，还能了解到火箭、卫星、无线电、抗生素等数十种改变人类进程的伟大发明的故事。

这套书涉及多个学科，可以引导孩子在无数的“问号”中深度思考，培养出科学精神、科学思维、科学素养。

目录

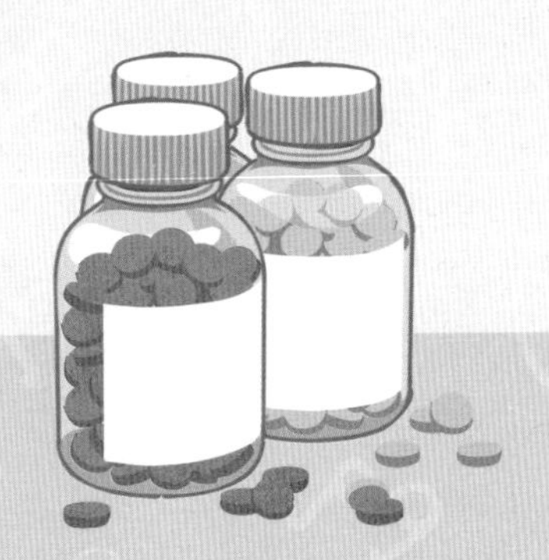

18

生病的时候，我们都知道吃药会让我们恢复得更快。不过，你有没有注意到？这些各种各样、五颜六色的药物，其中很大一部分都是化学合成的。正是这些化学药物的出现，帮助人们战胜了各种各样的疾病，守护着人类的健康。

那么，化学药物最早是什么时候出现的呢？在我们了解这段历史之前，先做一个有趣的化学实验“热热身”吧。

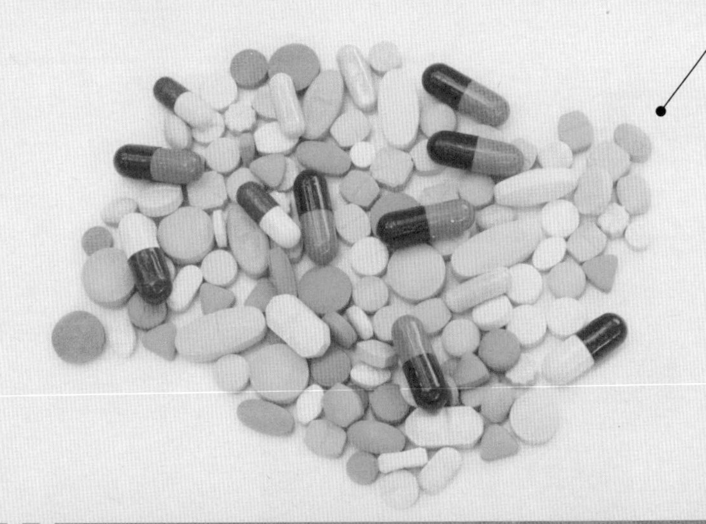

药物是人类战胜疾病的有力“武器”

小实验：可乐牛奶

可乐和牛奶，是我们经常喝的两种饮料，但是如果把这两种饮料放在一起喝，可能就不是个好主意了，为什么呢？做个实验就知道了。

实验准备

可乐、牛奶和玻璃杯。

扫码看实验

实验步骤

将可乐瓶中的可乐倒出一部分。

把牛奶倒入可乐瓶里。

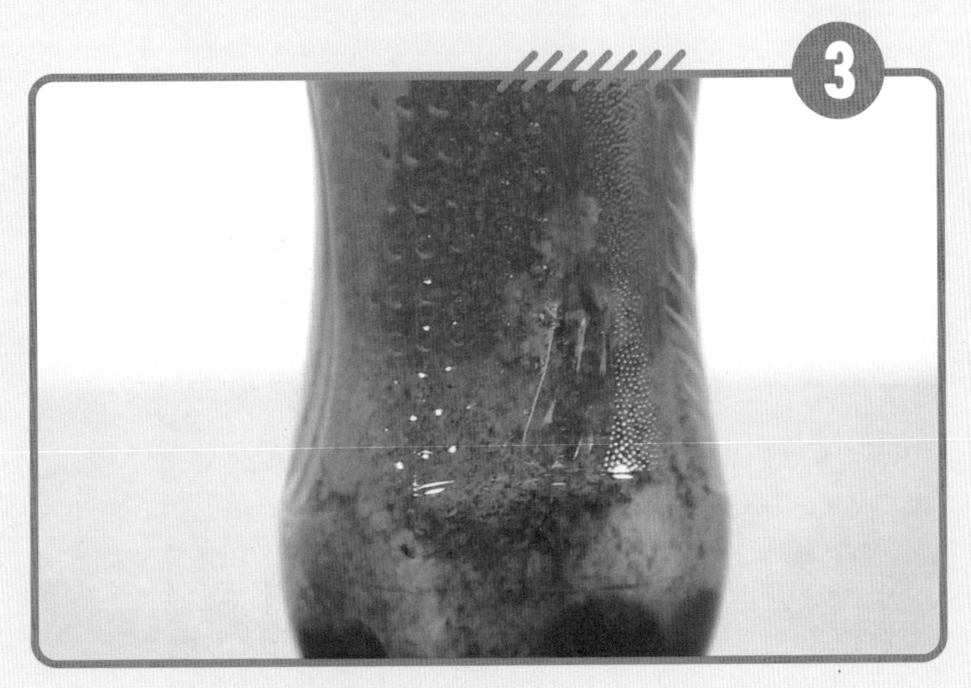

盖上盖子静置一段时间，然后看一看。

实验背后的科学原理

可乐是一种常见的汽水，其中含有大量的碳酸，而牛奶中含有钙。可乐中加入牛奶，一方面，碳酸和钙发生反应，生成不溶于水的白色沉淀——碳酸钙；另一方面，可乐中的碳酸等会使牛奶中的蛋白质变性，以白色絮状物析出。

其实不只是可乐，我们经常喝的含有碳酸的饮料（俗称汽水）都会与牛奶发生类似的反应。所以，在日常生活中，我们最好不要牛奶和汽水一块儿喝。

当我们打开一瓶新的可乐时，你会看到可乐表面忽然增加了很多的气泡，喝到肚子里总是感觉有气体产生。这是因为可乐在生产过程中，加入了一定量的二氧化碳。二氧化碳是一种什么物质呢？为什么可乐里面要加入它呢？

可乐中的气泡是由于加入了二氧化碳

二氧化碳是如何被发现的?

我们都知道空气中含有氧气，呼吸和燃烧都需要它。但其实，空气中还含有二氧化碳，它的分子式为 CO_2，由两个氧原子与一个碳原子通过共价键连接而成。

二氧化碳在常温下是一种无色无味气体，密度比空气略大，能溶于水，并生成碳酸，这就是为什么我们在喝可乐时会有酸酸的感觉。液态二氧化碳蒸发时吸收大量的热而变成二氧化碳气体，如果放热则会凝固成固态二氧化碳，俗称“干冰”。

“干冰”其实是固态的二氧化碳

二氧化碳看不见、摸不着，而且也没有味道，那么人类是怎样发现它的呢?

其实早在公元 3 世纪时，中国西晋时期的张华（232—300）在所著的《博物志》一书中，提到了“烧白石作白灰”（用石灰岩烧制石灰）的生产。实际上，这一生产过程会产生一种气体，这种气体其实就是今天工业上用作生产二氧化碳的石灰窑窑气。

比利时化学家范·海尔蒙特

17世纪，比利时化学家扬·巴普蒂斯塔·范·海尔蒙特（1580—1644）观察到，当他在一个封闭的容器中燃烧木炭时，产生的灰烬的质量比原来的木炭要小得多。他的解释是，剩余的木炭已经变成了一种无形的物质，他称之为“森林之精”。其实这就是木炭燃烧后释放出去的二氧化碳。

真正意义上发现二氧化碳的，是英国化学家约瑟夫·布莱克（1728—1799）。布莱克出生在苏格兰，早年在格拉斯哥大学学习艺术，后来在父亲的建议下改行学医。于是布莱克就跟随格拉斯哥大学的医学教授威廉·卡伦学习。

1747年，卡伦教授开始开设化学课，并聘用布莱克担任其助手，于是布莱克开始了自己的化学研究之路。1756年，布莱克被任命为格拉斯哥大学解剖学和植物学教授，以及化学讲师。大约十年后，他接替卡伦教授的职务，随后前往爱丁堡大学担任化学和医学教授。

布莱克通过实验发现，用酸加热石灰石（主要成分是碳酸钙）可以产生一种他称之为“固定空气”的气体。他观察到，固定空气的密度比空气大，既不能支撑火焰，也不能支撑动物的呼吸。所以，约瑟夫·布莱克被认为是首个发现二氧化碳的科学家。

布莱克还发现，当气泡通过石灰水（氢氧化钙的饱和水溶液）时，它会沉淀碳酸钙。布拉克的发现，为日后拉瓦锡的进一步研究奠定了基础。

发现二氧化碳的科学家布莱克

1787 年，法国著名的化学家安托万・拉瓦锡，通过实验肯定了“固定空气”是由碳和氧组成的，由于它是气体，而被拉瓦锡改称为“碳酸气”。同时，拉瓦锡还测定了它含碳和氧的质量比（碳占 23.4503%，氧占 76.5497%），这是历史上科学家首次揭示二氧化碳的组成。

1823 年，英国化学家汉弗莱・戴维（1778—1829）和物理学家、化学家迈克尔・法拉第，首次在高压下将二氧化碳液化。对固体二氧化碳（也就是干冰）最早的描述，是由法国发明家阿德里安・让・皮埃尔・蒂洛里耶（1790—1844）提出的。他在 1835 年打开了一个装有液体二氧化碳的加压容器，结果发现了像“雪”一样的固态二氧化碳。

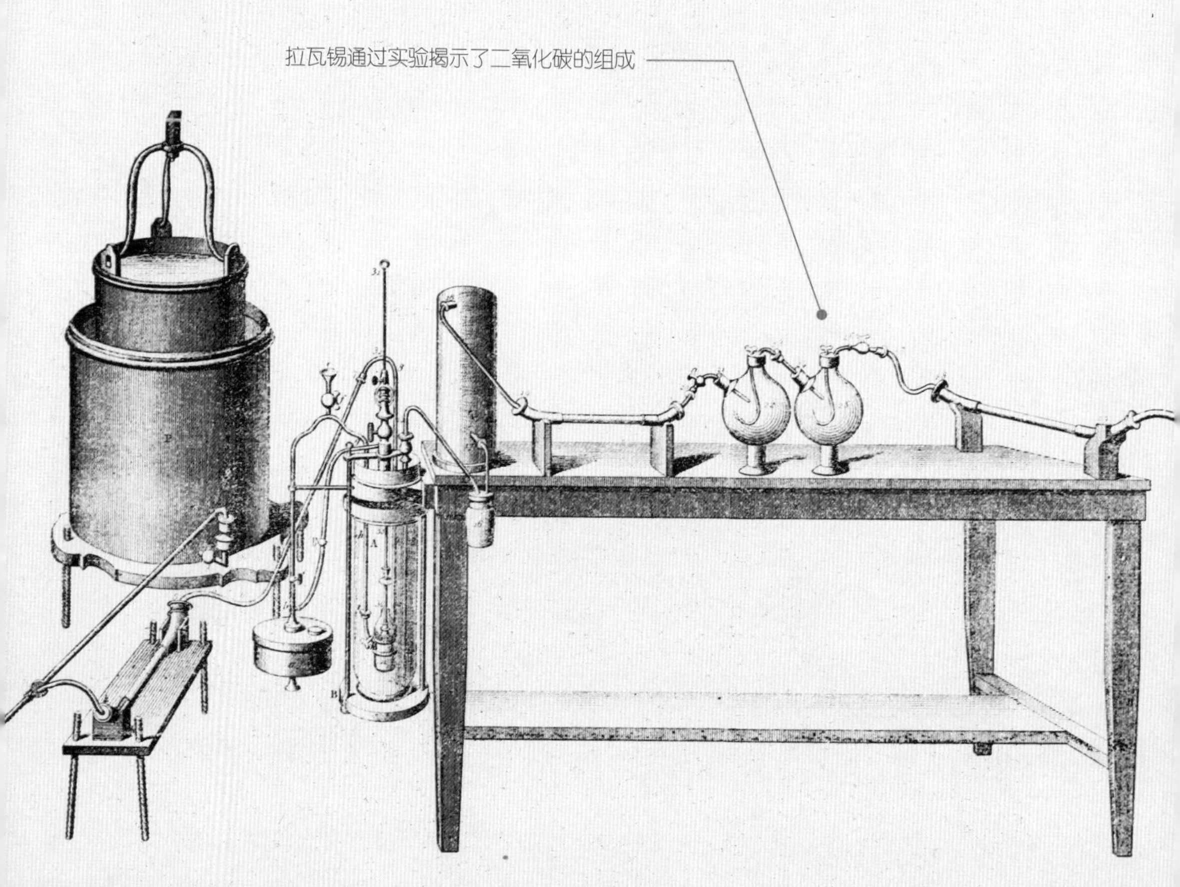
拉瓦锡通过实验揭示了二氧化碳的组成

二氧化碳有什么用?

我们都知道二氧化碳不能像氧气一样为人的呼吸提供帮助，而且吸入过多的二氧化碳还会使人窒息，甚至死亡，那么二氧化碳有没有对人类有用的地方呢？答案是肯定的。

二氧化碳可以用来灭火

在化学领域，二氧化碳是一种原材料，可以用来生产尿素等产品；在食品领域，二氧化碳还是一种食品添加剂，人们常喝的汽水、啤酒中，都有二氧化碳；另外，固态或液态的二氧化碳还可以作为制冷剂，减少食物在运输过程中出现变质的情况；当然，二氧化碳可以阻碍燃烧，所以人们也因此发明了二氧化碳灭火器。

不过，需要注意的是，随着工业生产和汽车增加所导致的二氧化碳排放量增加，这会阻止地球热量的散失，导致我们的地球出现“温室效应”，这对于我们生活的环境是不利的。

二氧化碳大量排放会导致“温室效应”

谁发明了可口可乐?

1916 年可口可乐广告

碳酸饮料，例如我们熟悉的可口可乐、雪碧当中，都加入了一定量的二氧化碳。一方面，二氧化碳与水形成碳酸，进入人体分解后能吸收和带走体内的热量，让人感到饮后有种清凉感；另一方面，二氧化碳溶解形成一定量的碳酸，会增加口感。

那么，可口可乐最早是怎么来的呢？其中还有一段有趣的历史。

可口可乐的发明者是美国药剂师约翰·彭伯顿博士（1831—1888）。彭伯顿出生在田纳西州的诺克斯维尔，长大之后，进入位于佐治亚州梅肯的佐治亚改革医学院学习。1850 年，19 岁的彭伯顿获得了医学学位，毕业后从事了医生职业，随后在佐治亚州哥伦布市开了一家药店。

在美国内战期间，彭伯顿在佐治亚州警卫队的第三骑兵营服役，并获得了中校军衔。1865 年 4 月，彭伯顿在一场战役中胸部被军刀划伤。受伤之后，他很快就对用来减轻疼痛的吗啡（也是一种毒品）上瘾了。为了寻求治疗毒瘾的方法，彭伯顿开始尝试寻找吗啡的替代品。

可乐的发明人彭伯顿

1884 年，彭伯顿把一种名为古柯的叶子（coca）作为原料加到一种葡萄酒中，称之为“法国古柯酒”。随后，他又改良了配方，加入了非洲可乐果（kola）。彭伯顿宣称自己的“法国古柯酒”具有缓解头痛、改善神经衰弱的作用，在当时受到了很多人的欢迎。

到了 1886 年，彭伯顿所在的地区颁布了禁酒令，彭伯顿不得不研发一种不含酒精的饮料来替代他的“法国古柯酒”。

1886 年 5 月 8 日，彭伯顿以糖浆的形式发明了可口可乐。这项发明发生在美国佐治亚州的亚特兰大。人们认为这种糖浆能够治疗头痛、胃灼热和恶心等症状。这种糖浆起初在药店出售，价格仅为 5 美分。那些尝过它的人表示，这种糖浆“美味而清

PEMBERTON'S

FRENCH WINE COCA,

THE GREAT AND SURE REMEDY

FOR ALL NERVOUS DISORDERS.

Such as Mental and Physical Depression,
Neuralgia, Loss of Memory,
Sleeplessness, etc., etc.

IT IS THE GREAT RESTORER OF HEALTH

To Body and Mind.

Millions of our people are in a condition requiring no other remedy. Over-worked mentally and physically, they toil on in suffering, showing themselves heroes in the battle of life, wor hy of health. This they will certainly obtain by the use of

PEMBERTON'S FRENCH WINE COCA.

There is health and joy in every bottle. Young, middle-aged and elderly men who have given free scope to their passions or inclinations, sooner or later experience a degree of Lassitude, Weakness, Loss of Memory, Premature Decay, which point with unerring finger the road to dissolution and the grave, can be rescued and restored by the use of

FRENCH WINE COCA.

Do not delay, but commence at once to use this wonderful Tonic and Invigorant. Send for Book on Coca. For sale by Druggists.

J. S. PEMBERTON & CO.,
Manufacturing Chemists, Sole Proprietors,
ATLANTA, GEORGIA.

彭伯顿的“法国古柯酒”广告

爽”，这导致了对其供应的更多需求。

这就是可口可乐的由来，有趣的是，它一开始是被当作药物来销售的，最终，被当作冷饮出售。

1888 年左右的可口可乐广告

可口可乐的秘密配方

除了我们在可乐瓶身上看到的常规配方以外，可口可乐还有一个天然调味料的秘密配方，属于商业机密，也是可口可乐独特味道的来源。这份配方被保存在美国亚特兰大一家银行的金库内长达 80 多年，2011 年 12 月，这份配方被转移到亚特兰大市中心的可口可乐世界博物馆的保险箱内。

那么，这份配方是不是彭伯顿发明可乐时的原始配方呢？我们还不得而知。

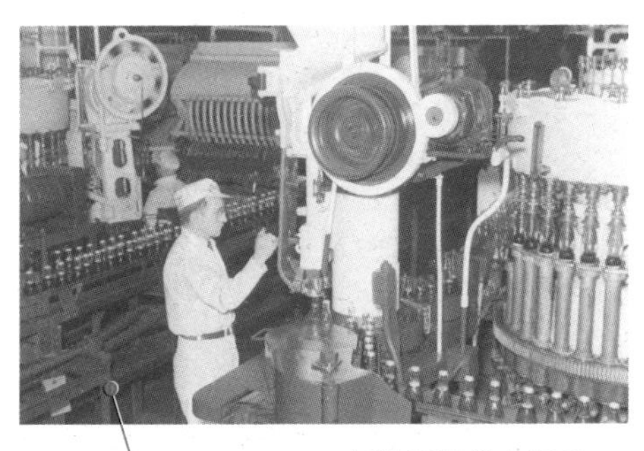

1941 年位于加拿大的可口可乐工厂

天然染料的小历史

今天的我们，生活在一个缤纷的世界里，人们穿着五颜六色的衣服，追求着属于自己的美丽和个性。而这一切，要归功于染料的贡献。可以这样说，因为有了染料，才促进了服装的发展，让人们的生活质量得到了提升。

人类使用染料的历史可谓久远，但在很长一段时间里，使用的都是从植物或动物身上提取的天然染料。

古埃及人已经开始使用天然染料

考古学家曾在埃及古墓中发现了 4000 多年前的染色织物，以及描述提取和使用天然染料的象形文字。约公元 3 世纪的一份希腊纸莎草（《斯德哥尔摩纸莎草书》）保存了下来，里面记载了大约 70 种布料染色的方法。

公元 9 世纪时，在赖兴瑙岛（德国博登湖上的一座岛）上一份关于手工艺的手稿，其中包含了 20 种染料配方，以及对织物和皮革染色的说明。大量 16 世纪和 17 世纪关于染料的记录流传下来，它们都表明，染料这一行业在几个世纪中变化甚微。

天然染料到 19 世纪中叶一直占据着主导地位，其中最重要的 4 种染料分别是提尔紫、胭脂红、茜草红和靛蓝。

提尔紫是迄今为止发现的最重要的天然染料之一，它提取自一种名为“染料骨螺”的海洋生物，这种紫也被称为皇家紫或贝壳紫。据说提尔紫的制造始于腓尼基的港口城市提尔，在那里它被称为“提尔紫”。在希腊神话中，它是由英雄赫拉克勒斯发现的。他看到自己养的狗用嘴咬碎了一个贝壳，结果发现狗的嘴巴完全变成了深紫色。

15 世纪欧洲的染料工坊

希腊神话中赫拉克勒斯发现了紫色

在历史上有很长一段时间，提尔紫是用钱能买到的最昂贵的动物染料。这种紫色是高贵、富有的颜色，象征着主权和法律体系中的最高职位。罗马帝国的奠基人和统治者尤利乌斯·凯撒（公元前100—公元前 44）曾下令，只有皇帝和他的家人才能穿紫色。

胭脂红是一种由寄生在仙人掌中的胭脂虫制成的深红色染料，最早是由西班牙人从墨西哥传入欧洲的。胭脂红被用作布料染料、艺术绘画的颜料，后来又被用作食用染料。即使在今天，胭脂红仍然被用于染色、食品着色（它是一种天然食品着色剂）、化妆品和一些药物。

当然，相对于动物来源的染料来说，植物提取的染料通常更便宜，供应更多。最常见的是茜草红和靛蓝。茜草红提取自茜草的根茎，甚至在木乃伊穿着的布料中发现了茜草红。

靛蓝是先将靛蓝植物的叶子浸泡在水中，然后用竹子捣烂，以加快氧化（在这个过程中，液体从绿色变成深蓝色），然后加热，过滤，形成糊状的染色剂。

除了这四种重要的天然染料，人们还发现了一些其他植物或动物的染料，但它们的颜色范围很窄，产生的色度几乎没有颜色价值。

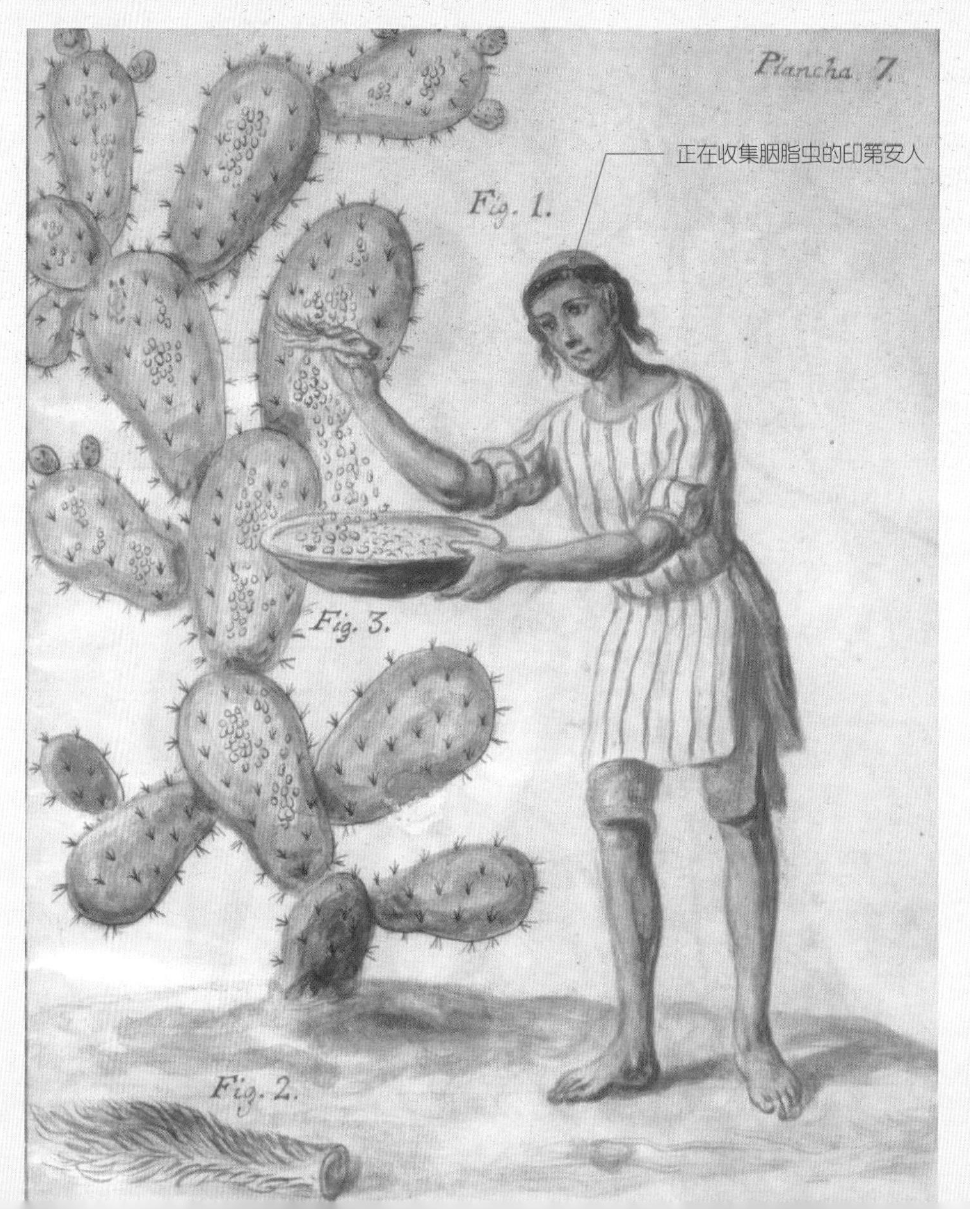

第一个合成出染料的人

天然染料的使用有数千年的历史，其间变化不大，直到1856年，一位名叫威廉·亨利·珀金（1838—1907）的英国年轻化学家，偶然发现了第一种合成有机染料，染料的历史被重新改写了。

威廉·亨利·珀金通过化学合成出了染料

珀金出生在伦敦东区，父亲是一位成功的建筑商人，他是家里七个孩子中最小的一个。从小珀金受到了良好的教育，这也让他在15岁时成功地进入伦敦皇家化学学院（现在是伦敦帝国理工学院的一部分）学习。

在珀金学习化学的那个时期，化学只是这个学科开始发展的初期阶段，虽然很多元素都已经被发现，但确定化合物中元素的排列仍然是一个困难的课题。珀金的导师是大名鼎鼎的德国化学家奥格斯特·威廉·冯·霍夫曼（1818—1892）。

霍夫曼发表了一个关于如何可能合成奎宁的假设。奎宁是一种昂贵的天然物质，在治疗疟疾方面需求量很大。作为霍夫曼的助手之一，珀金开始了一系列的实验，试图找到合成奎宁的化学方式。

1856年的一天，当珀金在做合成奎宁的实验时，他发现有时会产生一种黑色的沉淀物。这虽然不是奎宁，但当将沉淀物清洗和干燥，并与乙醇混合时，产生了一种美丽的紫色液体。

当珀金把丝绸放进液体中后，丝绸被染成了漂亮的紫色。无论是用沸水还是用肥皂清洗都不会掉色。颇具商业头脑的帕金忽然意识到，这种紫色液体可能会具有很大的商业价值："这也许能用作染料！"

于是，在父亲的资助下，珀金将自己的意外发现商业化，并开发了这种新染料的生产和使用工艺。1857 年，他在离伦敦不远的格林福德开设了自己的工厂，珀金也因此走上了富有的人生之路。在他 36 岁的时候，珀金卖掉了他的生意，这样就可以全身心地投入到化学的研究中，后来珀金也取得了很多的研究成就。

用染料上色的丝绸

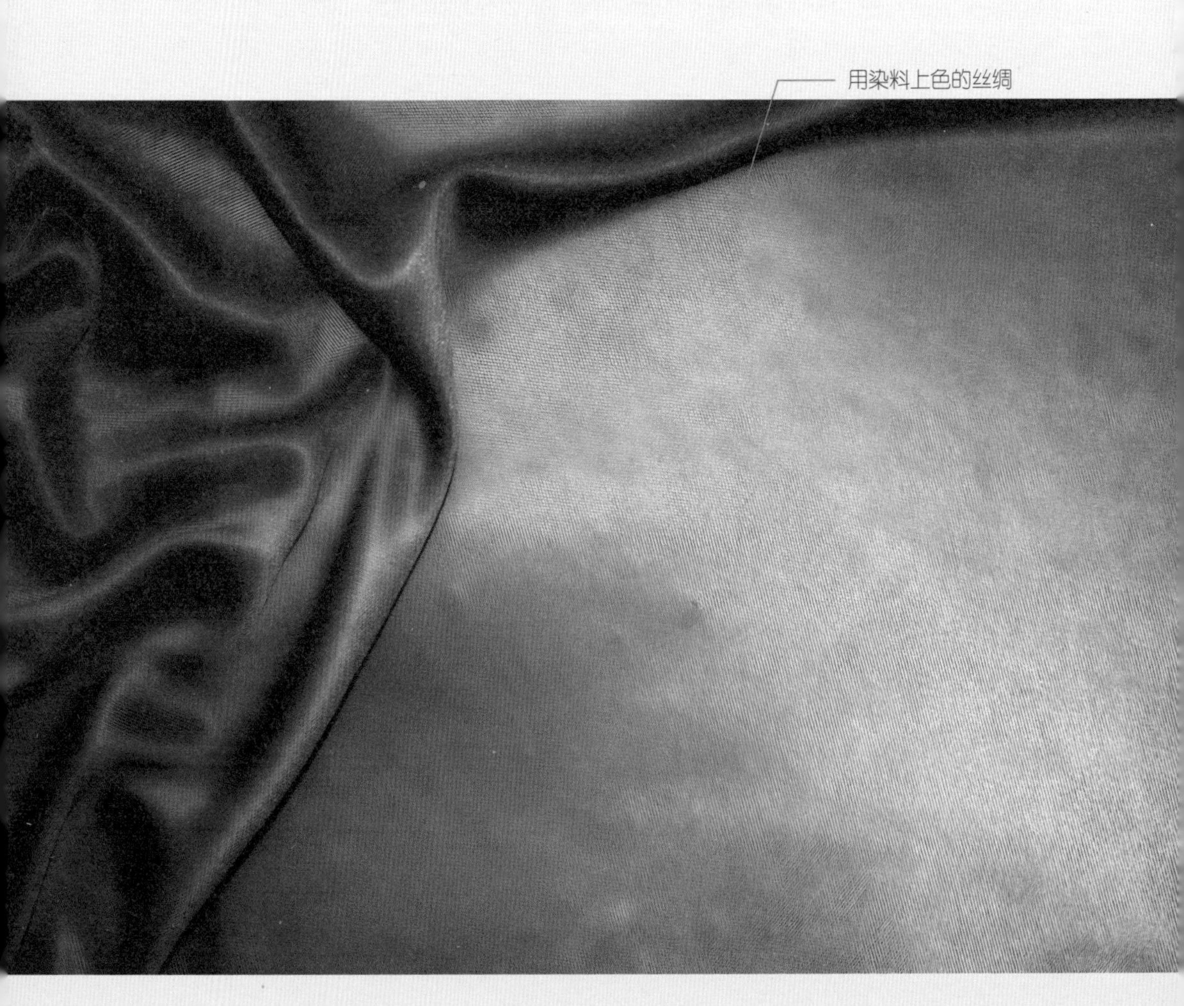

快速发展的化学染料行业

有了珀金的创新，19 世纪下半叶，化学合成染料开始进入快速发展的阶段，大部分工业以德国和瑞士为中心。德国有世界上最有才华的化学家，瑞士有大量的投资者，却没有专利。

1869 年，第一种由化学合成的染料茜素被生产出来。这时，化学家们更清楚地知道他们在寻找什么，并试图创造什么。这种染料的重要之处在于，尽管它是化学合成的，但它的颜色与茜草植物中天然染料的颜色相同。

德国有机化学家阿道夫·冯·贝耶尔

1883 年，德国有机化学家阿道夫·冯·贝耶尔（1835—1917）合成了靛蓝，打破了当时英国控制的整个天然靛蓝市场。并且，由于合成靛蓝对有机染料和芳香族化合物的研究作出重要贡献，拜耳获得了 1905 年诺贝尔化学奖。

所有早期的化学染料都是用煤焦油合成的。煤焦油是煤的副产品。煤焦油含有丰富的有机化合物，化学家们的目标是分离出每一种，并发现它们在工业、农业和医药等领域的潜在用途。到 1900 年，从煤焦油中分离出 50 多种化合物，其中大部分用于德国的化学工业。

从染料到化学制药

拥有数千年历史的中医和中药

自从人类诞生，就和疾病进行着对抗，而药物是战胜疾病的有力武器。在化学药物出现之前，植物以及动物身上的一些部位是被用于治疗疾病的主要药材，这在古代中国、古埃及、古印度的历史上都被广泛提及。时至今日，以中医为代表的草药，依然被广泛应用在医疗与健康领域。

不过，到了 19 世纪，随着化学的兴起，人们治疗疾病的方式也有了改变，化学药物开始展现出强大的力量。

第一种被真正广泛使用的化学合成药物是水合氯醛，这是一种镇静催眠药，诞生于 1869 年。

水合氯醛其实早在 1832 年就被合成了出来。被誉为“有机化学之父”的德国化学家尤斯图斯·冯·李比希（1803–1873），在对乙醇进行氯化反应的过程中合成出了它，但是李比希并没有找到它的应用价值。直到 1869 年，水合氯醛的镇静效果才被另一位德国药理学家奥斯卡·利布莱希详细描述并发表出来。

随后，由于水合氯醛很容易合成，它被广泛用于精神病院和一般医疗实践中的镇静。在 19 世纪后期，水合氯醛成为一种普及的日常药物。

人们开始逐渐意识到，化学药物具有非常广阔的前景，只要找到其相对应的治疗作用，就可以通过化学方式大批量生产，成本可控，利润惊人。于是，在 19 世纪下半叶，拥有化学技术的染料公司开始纷纷转行去做包括药物在内的其他化学产品的研发和生产。其中转行最成功的当属德国的拜耳公司。

德国化学家、“有机化学之父”李比希

拜耳公司并不是化学家阿道夫·范·贝耶尔成立的公司，而是由德国商人富黎德里希·拜耳和染料大师约翰·富黎德里希·威斯考特，于 1863 年合作成立的一家染料公司，最开始主要从事的是我们上面说到的染料生产。随着合成染料市场的需求增长，拜耳公司也赚取了丰厚的利润。

但是到了 19 世纪末，德国染料市场竞争变得过于激烈，染料产品的利润出现了下降，拜耳公司正好也看中了化学药物的前景，于是成立了化学药物部门，开始朝着化学制药的方向发展。

拜耳制药的创始人
富黎德里希·拜耳

1897 年的夏天，拜耳公司的年轻化学家费利克斯·霍夫曼（1868—1946），在从柳树的树皮中分离出来的水杨酸里添加了乙酰基，合成出了乙酰水杨酸。乙酰水杨酸具有解热、镇痛和抗炎的特性，霍夫曼使用这种药物为他父亲治疗风湿关节炎，疗效极好。

乙酰水杨酸是一种有机化合物，为白色结晶性粉末。

德国化学家霍夫曼

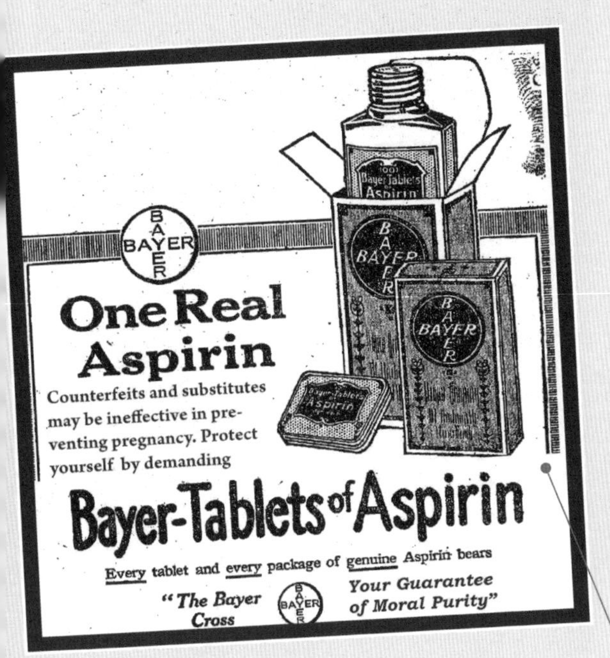

阿司匹林广告

1898 年，拜耳公司将这种粉末分成小包，并以阿司匹林（Aspirin）的名义开始销售。它还具有抗血小板凝聚的作用，于是引起了人们极大的兴趣。随着阿司匹林越来越受欢迎，仅靠柳树皮和仙人掌花获取水杨酸已无法满足供给需求，于是它被化学合成工艺所取代。

阿司匹林分子结构模型

如今，阿司匹林已应用超过百年，成为医药史上三大经典药物之一，至今它仍是世界上应用最广泛的解热、镇痛和抗炎药，临床上用于预防心脑血管疾病。

霍夫曼在帮助拜耳制药公司发明了阿司匹林之后，他还合成出了另外一种药物叫作海洛因（Heroin）。他本来期望通过海洛因来帮助人们止痛，但没想到，这种药物具有极强的成瘾性，结果成了臭名昭著的毒品。很多人因为吸食海洛因而上瘾，最终倾家荡产。

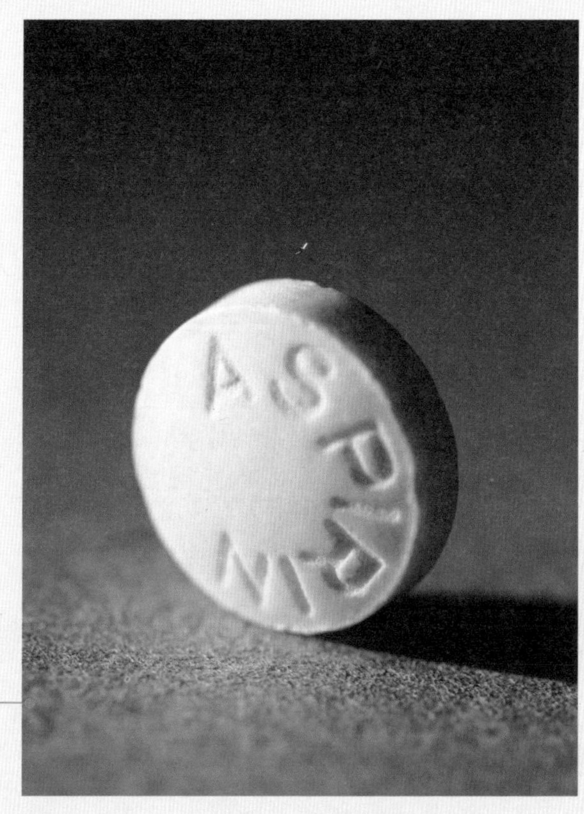

时至今日，阿司匹林依然是临床上的常用药物

所以，有人称霍夫曼一面是天使，一面是恶魔，他发明的阿司匹林救人无数，而发明的海洛因又害人不浅。

从 19 世纪末期开始，化学药物的研究和开发进入了蓬勃发展的阶段，越来越多的经典药物被开发出来，很多令人畏惧的疾病被战胜，而人类的寿命也得到了不同程度的提高。

不过，化学药物也有它的弊端，由于它是化学合成的物质，需要肝脏和肾脏的代谢，所以长期服用对肝肾有可能造成损伤。

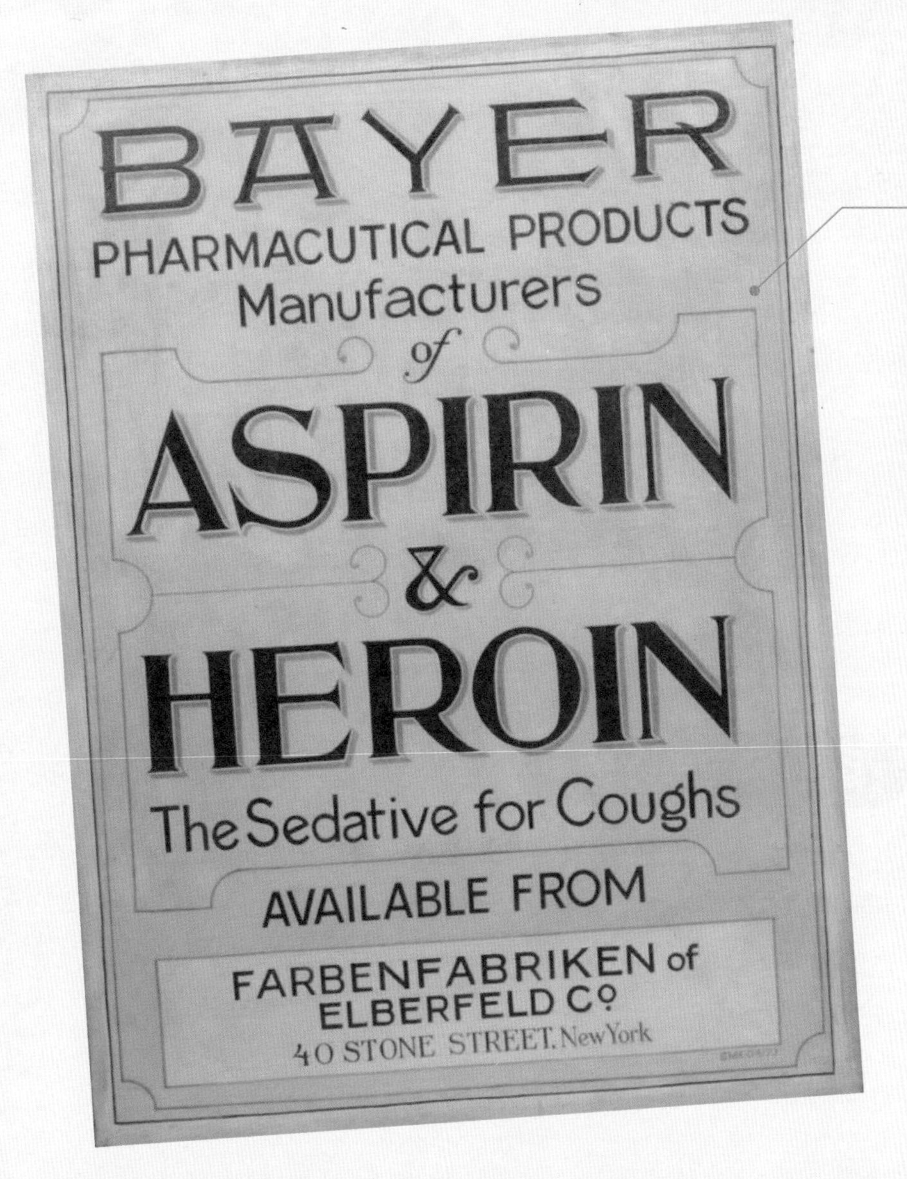

拜耳制药早期产品的广告，主打的就是阿司匹林和海洛因

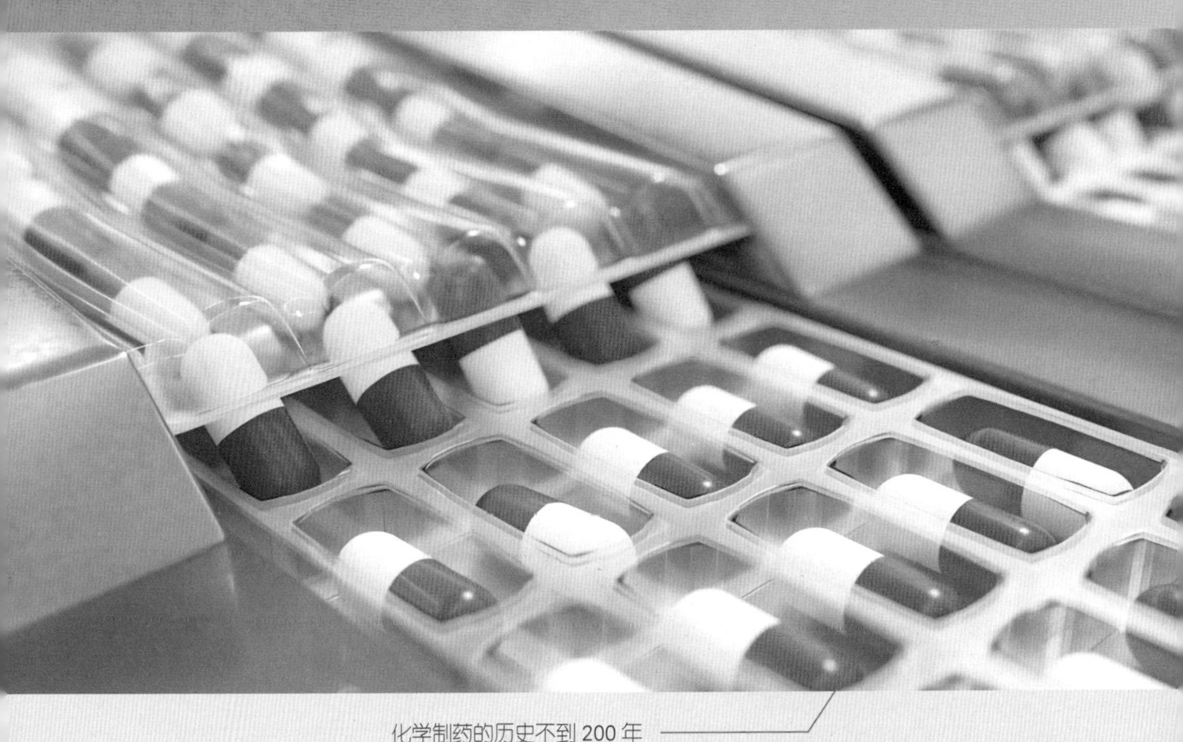

化学制药的历史不到 200 年

另外，人们在服用药物改善健康的过程中，也容易形成药物依赖。

当然，化学合成药物的历史至今不到 200 年，还处于比较年轻的阶段。相信在未来，随着科学家、药物化学家们的深入研究，化学药物能帮助人们战胜更多的疾病，例如现在还不能完全战胜的糖尿病、癌症等。

留给你的思考题

1. 生活中，为什么有的水果的果汁落到衣服上很难洗掉，而有的却很容易洗掉呢？

2. 除了上面提到的化学药物是化学合成的，你还知道哪些物品是化学合成的吗？